中国工程院科技扶贫职业教育系列丛书

特色经济作物病害绿色防控

何霞红 蔡 红 主编

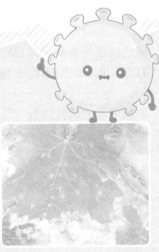

中国农业出版社

北 京

图书在版编目（CIP）数据

特色经济作物病害绿色防控/何霞红，蔡红主编
.—北京：中国农业出版社，2022.3
（中国工程院科技扶贫职业教育系列丛书）
ISBN 978-7-109-29207-9

Ⅰ.①特…　Ⅱ.①何…②蔡…　Ⅲ.①经济作物—病
虫害防治　Ⅳ.①S435.6

中国版本图书馆 CIP 数据核字（2022）第 042798 号

特色经济作物病害绿色防控
TESE JINGJI ZUOWU BINGHAI LÜSE FANGKONG

中国农业出版社出版
地址：北京市朝阳区麦子店街 18 号楼
邮编：100125
责任编辑：高　原
版式设计：杜　然　责任校对：吴丽婷
印刷：中农印务有限公司
版次：2022 年 3 月第 1 版
印次：2022 年 3 月北京第 1 次印刷
发行：新华书店北京发行所
开本：850mm×1168mm　1/32
印张：2
字数：45 千字
定价：12.00 元

编写人员名单

主　　编　何霞红　蔡　红
副 主 编　李迎宾
编写人员（按姓氏笔画排序）

刘　霞　刘屹湘　刘旭燕　李迎宾　吴德喜
何霞红　张宏瑞　张治萍　陈齐斌　郭力维
唐　萍　蔡　红

序

习近平总书记指出："扶贫先扶智"。我国西南边疆直过民族聚居区，农业生产资源丰富，是不该贫困却又深度贫困的地区，资源性特长与素质性短板反差极大，科技和教育扶贫是该区域脱贫攻坚的重要任务。为了提高广大群众接受新理念、新事物的能力，更好地掌握农业实用技术知识，让科学技术在农业生产中转化为实际生产力，发挥更大的作用，达到精准扶贫的目的，中国工程院立足云南澜沧县直过民族地区，开设院士专家技能培训班，克服种种困难，大规模培养少数民族技能型人才，取得了显著的成效。

培训班围绕澜沧地区特色农业产业，淡化学历要求，放宽年龄限制，招收脱贫致富愿望强烈的学员，把课堂开在田间地头，把知识融于技术操作，把课程贯穿农业生产全流程，把学员劳动成果的质量、产量和经济效益作为答卷。通过手把手的培训，工学结合，学员们走出一条"学习—生产—创业—致富"的脱贫之路，成为实用技能型人才、致富带头人，并把知识和技能带回家乡，带动其他农户，共同创业致富。

为了更好地把科学技术送进千家万户，送到田间地头，满足广大群众求知致富的需求，院士专家团队在中国工程院、云南省财政厅、科技厅、农业农村厅等单位的大力支持下，在充分考虑云南省农业产业特点及读者学习特点的基础上，聚焦冬季马铃薯、林下三七、蔬菜、柑橘、中草药、热带果树、农村肉牛、肉鸡蛋鸡、生猪等具体产业，编著了"中国工程院科技扶贫职业教育系列丛书"共 15 分册。本套丛书涉及面广、内容精炼、图文并茂、通俗易懂，具有非常强的实用性和针对性，是广大农民朋友脱贫致富的好帮手。

科学技术是第一生产力。让农业科技惠及广大农民，让每一本书充分发挥在农业生产实践中的技术指导作用，为脱贫攻坚和乡村振兴贡献更多的智慧和力量，是我们所有编者的共同愿望与不改初心。

丛书编委会

2020 年 6 月

前　言

　　2015 年，一场精准扶贫战役在中国大地打响。朱有勇院士带领科技团队，结对帮扶西南边陲的深度贫困县——普洱市澜沧县，通过科技创新把资源优势转变成了科技产业。如今，林下生态有机中药材、冬季特色农业绿色食品、热带早熟水果等特色产业已在这里深深扎根，形成了带动边疆地区致富发展的好路子。但是，林下种植作物在管理过程中，往往会遭受各种各样的病害影响，造成产量降低、品质变劣，甚至死亡的现象。因此，首先了解作物"生病"的原因，是控制病害发生、发展、传播、流行的重要措施之一。

　　在编写此书的过程中，编者广泛查阅资料，结合扶贫产业中主要作物的主要病害，本着让农民成为"植物医生"的原则，让农民学会为植物"把脉"，我们重点介绍了引起作物病害的主要因素、常见症状、诊断要点及防治措施。本书共分为六章，第一章介绍植物病害基础，第二章介绍烟草常见病害及防控，第三章介绍三七常见病害及防控，第四章介绍马铃薯常见病害及防控，第五章介绍茶叶常见病害及防控，第六章介绍葡萄常见病害及防控。本书可作为农林职业技术院校或基层农技人员培训教材使用，也可供参加院士专家技能扶贫班的广大学员使用。

　　书稿完成之后，一方面担忧尚有"专业术语"的解释未达到"通俗易懂"的要求，不能让广大农民充分理解；另一方面担忧编者自身能力有限，错漏难免，还请广大读者不吝批评指正，我们将继续结合实际生产，不断完善。

编　者

2021年12月于云南农业大学

中国工程院科技扶贫职业教育系列丛书

第一章　植物病害基础

一、植物病害概述

　　植物受到生物或非生物因子的影响，发生一系列生理生化以及细胞、组织结构上的病理变化，致使外部形态不正常，阻碍正常生长、发育的进程，引起产量降低、品质变劣，甚至死亡的现象。根据病原的种类，植物病害又可分为非侵染性病害和侵染性病害两大类。其中，非侵染性病害主要是因营养元素的缺乏，温、湿度不适宜，肥料、农药使用不合理，或废水、废气造成的药害、毒害，植株自身遗传因素等；侵染性病害则

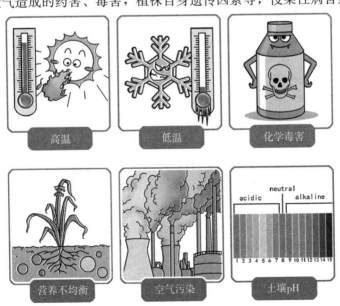

高温　　　　　低温　　　　　化学毒害

营养不均衡　　空气污染　　　土壤pH

是指由一种或多种病原物引起病害，包括真菌、卵菌、细菌、病毒、线虫、寄生性种子植物等。

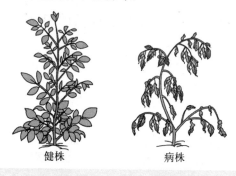

健株　　　　　　　　病株

植物病理学的诞生

最初马铃薯随好奇的西班牙人漂洋过海来到欧洲，一些保守的教父认为其是邪恶的化身，理由是《圣经》中没有出现这种作物。随后，好奇者在后花园开始进行种植，马铃薯也在缓慢的推广中，最终变成了欧洲人不可缺少的食物。在马铃薯种植国，饥荒也逐渐消失，在《百科全书》中关于马铃薯的条目为"是一种养活了德国、瑞士、大不列颠、爱尔兰和其他国家一半以上人口的果实"。

随着马铃薯的大面积、单一品种种植，1845—1846年马铃薯晚疫病在爱尔兰岛大流行，使得爱尔兰全岛马铃薯减产 1/3～3/4，1848 年又再一次大发生，灾荒一直持续到1852 年，长达七年之久。这场史无前例的大饥荒使爱尔兰人口锐减 20%～25%，其中约 100 万人饿死和病死，约 100万人因灾荒而移居海外。这就是植物病害对人类社会产生重大影响的"爱尔兰饥荒"，至今在爱尔兰首都都柏林街头仍矗立着纪念大饥荒的雕塑，植物病理学也由此诞生。

都柏林街头怀抱马铃薯的雕塑

二、植物病害的危害

1. 降低作物产量，影响作物品质　1880 年左右，由于引种问题及各方面的原因，葡萄霜霉病在法国波尔多地区大爆发，导致当地的葡萄产量急剧下降，果实品质也有所降低，酿酒业濒临破产。1950 年，中国小麦条锈病大流行，减产 60 亿千克，约相当于当时 3 000 万人一年的口粮。

发病植物在生理、细胞和组织上发生一系列病理变化过程，如水稻种子受稻瘟菌感染，米粒变成黑褐色；甘薯受黑斑病侵染，内部组织坏死，淀粉、蛋白质和脂肪含量降低，味苦且伴有强烈臭味；果树、花卉等出现的枯萎、萎蔫，造成产量下降的同时，果品及花色等品质也会降低。

2. 破坏环境　病原菌造成的环境污染是间接导致的。尤其是化学农药的出现，对农林牧业的增产、保收和保存的预防和控制等起了非常大的作用；但另一方面，病害的化学防治，又给环境带来了巨大的影响。美国科普作家 Rachel Carson（1962）出版的《寂静的春天》一书中，勾画出了一个严酷的画面，描述了农药对环境的污染，动摇了公众对使用农药的信心。

如 1982 年在我国南京发现的松材线虫病，目前已经在山东、江苏、浙江、安徽、广东等省发生。病树整株干枯死亡，最终腐烂。尤其对一些古树造成了无可挽回的损失；同时病害也影响园林植物的观赏性，对旅游业造成影响。

3. 对人畜产生毒害　某些患病植物产品可造成人畜中毒。如麦角菌不但使麦类大幅度减产，且牲畜误食带麦角的饲草可中毒死亡，食用含麦角的面粉可造成孕妇流产，重者全身肌肉剥落。该病菌曾在中世纪欧洲引起过所谓的"传染病"。除此之外，感染赤霉病的玉米，造成赤霉烯酮毒素污染，导致人畜头昏、恶心、呕吐、抽风，严重者死亡。感染黄曲霉菌的花生、玉米，被黄曲霉毒素污染，引发致癌风险。

4. 影响农产品的国际贸易　小麦矮腥黑穗病（TCK）是对小麦危害极大的一种病害，国际上包括中国的 15 个国家将其列为检疫对象。为了使美国小麦进入中国市场，美国农业部农业研究服务局曾组织了一个多国工作组，该工作组成员由来自美国、瑞典、加拿大、德国和墨西哥政府机构、大学和产业专家组成。主要目的是评估中国从美国进口加工小麦而传入小麦矮腥黑穗病的潜在风险以及对中国小麦生产的不利影响，历时 5 年，投入 500 万美元，于 1998 年完成了"中华人民共和国进口美国含有矮腥孢子的磨粉用小麦的风险分析"报告。20 世纪 90 年代初，中国对日本的外贸出口的板栗发生干腐病，严重影响板栗外销。板栗干腐病的病因，为多种病原菌复合侵染，在运输过程中因板栗失水、抗病性下降而导致发病。

三、导致植物病害发生的因素

植物病害的发生，依据性质不同可分为非生物性和生物性两大类。

1. 非生物性因素　非侵染性病害由物理、化学等非生物因素导致，主要包括温度过高或过低、光照不适、水分缺乏、化学毒害、营养不均衡、空气污染、土壤 pH 不适宜等。病害发生具有 4 个方面特点：①发病突然、没有发病中心，发病面积较大、集中，发病区域普遍表现相同症状。②发病之前往往出现气候突变、环境污染之类异常条件，田间病害分布受地形、地上物等环境因素的影响大，发病区域和未发病区域界线明显。③病害没有传染性，但发病区域一定有发病因素。④在不良环境条件改善后，发病轻微的病株往往不需要施用任何农药就会慢慢恢复正常生长，甚至病害症状消失。

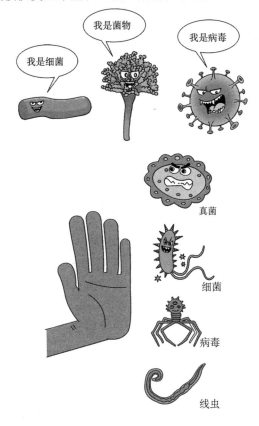

2. 生物性因素　引起植物发生病害的生物统称为病原生物。包括菌物（卵菌、真菌等）、原核生物、病毒（类病毒）、线虫、寄生性植物等。

（1）植物病原真菌。真菌是一类营养体，通常为丝状体，具细胞壁，通过产生孢子进行繁殖的真核微生物。许多真菌的无性繁殖能力很强，可以在很短的时间内产生大量的无性孢子。无性孢子在植物病害的传播、蔓延中起重要作用。

菌丝

（2）植物病原卵菌。过去很长时间，人们一直认为卵菌是真菌，因为卵菌和真菌在营养体和获取营养的方式上表现一致。但随着科技的进步，人们逐渐发现卵菌有很多特征，比如其单倍体的卵子接合产生二倍体的卵孢子，而真菌不产卵孢子；真菌的细胞壁成分主要为几丁质，而卵菌则为纤维素。卵菌是一类重要的植物病原菌，其中寄生高等植物并引起严重病害的主要是腐霉属、疫霉属和霜霉属。卵菌对寄主植物的破坏性强，危害性大，由卵菌引起的植物病害大多难以控制。尤其是果蔬及经济作物易受到霜霉菌和疫霉菌侵染，其潜育期短，再侵染频繁，在植物的一个生长季节内病菌可迅速发展造成病害流行，导致农业生产的严重损失。

（3）植物病原原核生物。原核生物是指没有明显细胞核，含有原核结构的单细胞生物。包括细菌、放线菌以及无细胞壁的植原体等。其中，植物病原细菌可从植物的气孔、水孔、皮孔、蜜腺等自然孔口以及伤口侵入。大多数细菌病害的病组织做切片镜检时可看到明显的喷菌现象，病部有菌脓溢出。病菌

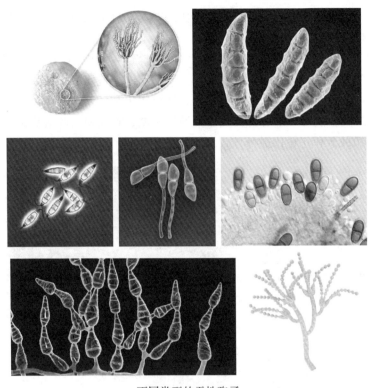

不同类型的无性孢子

可随种子、苗木远距离传播。土壤习活性细菌可在土中长期存活，是重要的侵染源。

植原体是一类类似细菌但没有细胞壁，尚不能人工培养的原核生物，专性寄生于植物的韧皮部筛管系统，能够通过筛板间的胞间连丝移动。主要靠叶蝉和飞虱等刺吸式昆虫传播，也可通过植物营养繁殖材料、寄生性种子植物（如菟丝子）、人工嫁接等方式传播。

（4）植物病毒及类病毒。病毒是一种由核酸和蛋白质外壳组成的、具有侵染活性的细胞内寄生物，是超微世界里最小生物之一。常引起寄主植物的花叶、斑驳、畸形、黄化、矮缩等。植物病毒没有主动侵染寄主的能力，自然状态下主要靠介体和非介体传播。

在传毒介体中，昆虫是最主要的介体，其中 70％为蚜虫、叶蝉和飞虱，而又以蚜虫为最主要的介体。目前已知的昆虫介体约有 400 多种，其中约 200 种属于蚜虫类，130 多种属于叶蝉类。病毒的非介体传播主要通过机械、有性和无性繁殖材料和种子和花粉传播等方式。

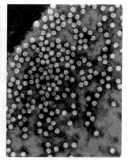

常见病毒粒体

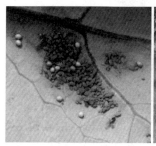

主要传播介体（蚜虫、蓟马等）（张宏瑞　图）

（5）植物病原线虫。线虫是一类低等的无脊椎动物，寄生在植物体内引起病害。植物受线虫危害后所表现的症状，与一般的病害症状相似，因此常称为线虫病。线虫细长，有的呈纺锤形，横断向呈圆形。有些线虫的雌虫成熟后膨大成柠檬形或梨形。线虫具有完整的消化道，包括口、食道、肠、直肠和肛门。

植物寄生线虫的口腔内有一个针刺状的器官，称为口针，口针能穿刺植物的细胞和组织，并分泌消化酶，消化寄主细胞中的物质，然后吸入食道。

线虫

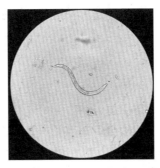

光学显微镜下的线虫虫体（李迎宾　图）

（6）寄生性种子植物。少数植物由于根系或叶片退化或缺乏足够的叶绿素而营寄生生活，称为寄生性植物，如菟丝子、列当、无根藤、独脚金等。还有少数低等的藻类植物，也能寄生在高等植物上，引起藻斑病等。大多数寄生性植物的传播方式是依靠风或鸟类传播，有的则与寄主种子一起随调运传播，这是被动传播类型；还有少数寄生植物的种子成熟时，果实吸水膨胀开裂，将种子弹射出去，这是主动传播的类型。

寄生性植物较难防治，如列当以种子越冬，种子可以在土壤中存活 5～10 年，当受到寄主植物根部分泌物的刺激，在适宜温湿度条件下就可以萌发；菟丝子种子小而多，一株菟丝子可产生近万粒种子，而种子寿命长，可随作物种子调运远距离传播，缠绕寄主上的丝状体能不断伸长，蔓延繁殖，由于菟丝子的危害性及易传播的特点，在东欧、西欧和拉丁美洲的一些

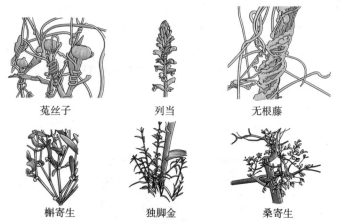

菟丝子　　　　　　列当　　　　　　无根藤

槲寄生　　　　　　独脚金　　　　　　桑寄生

国家都把菟丝子列为检疫对象。独脚金是一种恶性半寄生杂草，它的种子可以等待寄主 15 年。种子感知寄主在附近时就会萌芽，萌芽后在 4 天内要依附寄主，吸取养分。种子繁殖力极强，通常一株能结 4 万～9 万粒种子，种子小，能随风、水流、动物与机械等媒介广泛传播，种子在土壤中可存活 20 多年。

四、植物病害的症状

植物病害的症状是指植物受到生物或非生物因子的侵染后，内部的生理活动和外观的生长所显示的某种异常状态，可分为内部症状和外部症状，外部症状包括病征和病状。其中，植物生病后，寄主植物本身的不正常表现称为病状；发病部位可见的病原物的特征表现称为病征。

1. 植物病害的病状　以侵染性病害为例，其病状主要有变色、坏死、腐烂、萎蔫、畸形五大类型。真菌病害五类病状都较为常见，以坏死和腐烂居多。

卵菌病害发病迅速，传播快，病斑常形成水渍状、云纹状、同心轮纹等，形成紫灰色、白色霉层等。

细菌病害初期呈水渍状或油渍状，半透明，病状多为斑

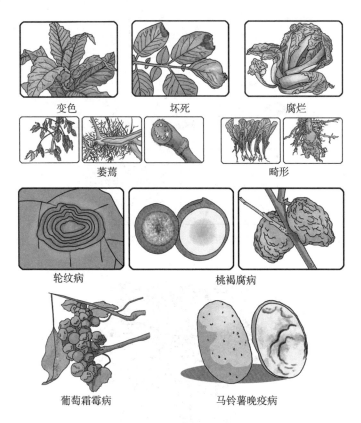

变色　　　　坏死　　　　腐烂

萎蔫　　　　　　　畸形

轮纹病　　　　　桃褐腐病

葡萄霜霉病　　　　马铃薯晚疫病

点、腐烂、萎蔫、肿瘤。

植原体病害有植株矮缩、丛枝或扁枝，小叶与黄化，少数出现花变叶或花变绿等症状。

病毒及类病毒病害以系统花叶、畸形、黄化、丛枝病状为主，植物叶片也常见坏死症状，但坏死斑点主要为系统性的环斑、条斑。花叶等病状在气温升高时，常会发生暂时消失的隐症现象。

线虫危害后，地上部分表现为生长缓慢、长势衰弱、植株矮小、叶色失常，叶片、枝条常出现扭曲、干枯、腐烂、坏死，

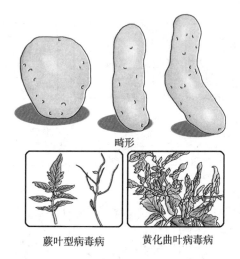

畸形

蕨叶型病毒病　　　　黄化曲叶病毒病

原核生物中没有细胞壁的植原体引起
的泡桐<u>丛</u>枝病，感病植株上的腋芽和不定
芽大量萌生，枝条节间缩短形成<u>丛</u>生状，
叶片小而黄化，像鸟窝状。

地下部分常出现根部肿大、须根丛生、坏死和腐烂等病征。

寄生性植物通常导致植物黄化、变色，出现营养不良、生长受阻症状，严重时植株全部或部分死亡。

2. 植物病害的病征　病原物在病部形成的病征有霉状物、锈状物、粉状物、颗粒状物、脓状物等。

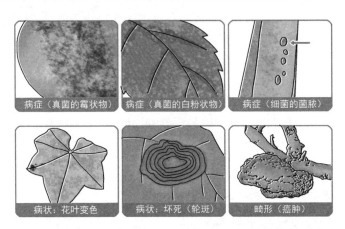

病症（真菌的霉状物）　　病症（真菌的白粉状物）　　病症（细菌的菌脓）

病状：花叶变色　　　　病状：坏死（轮斑）　　　　畸形（瘿肿）

（1）霉状物。发病部位常见白色、黑色、灰色等霉状物，

霜霉　　　　　　　　　　绵霉

柑橘青霉（左）和红枣黑斑病（李迎宾　图）

13

这些霉状物是由菌物的菌丝、各种孢子在植物表面形成的肉眼可见的表现。叶片发病时，病叶变脆并向上卷，后期叶片易脱落；果实发病时，果实表面常长出白色、灰色等绒毛状（棉絮状）菌丝，后期病瓜（果）腐烂、有臭味。按照霉状物的颜色可分为青霉、灰霉、绿霉、黑霉、赤霉等。

（2）锈状物。主要表现在植物叶片上产生不同颜色的小疱点或凸起，病斑颜色不一，有的呈现黑色、有的呈现黄色，叶片如"生锈"一般。

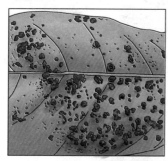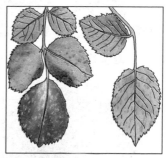

锈状物

锈病（李迎宾　图）

（3）粉状物。当真菌孢子寄生于植物表面或表皮下，继续扩展后破裂，在受害部位布满粉末状物，导致植株生长发育不良。如植物叶片正面覆盖白粉，严重时可布满叶片；玉米黑粉菌的冬孢子在适宜的条件下萌发，并在组织内生长蔓延，通过产生一种类似生长素的物质，刺激寄主局部组织分裂，逐渐肿大形成病瘤。病瘤成熟破裂，又散出黑粉（冬孢子）进行再次侵染。

粉状物

十大功劳白粉病和玉米瘤黑粉病（李迎宾　图）

（4）颗粒状物。是指病原真菌在寄主病部产生的小颗粒状物。

（5）脓状物。是指细菌性病害在寄主表面溢出的含有细菌菌体的白色或黄色黏状物。

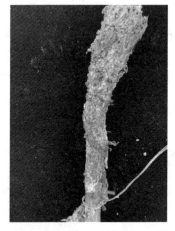

附子白绢病的菌核（叶坤浩　图）

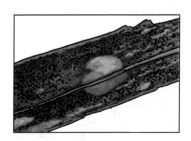

颗粒状物

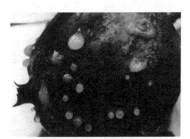

石榴细菌性病害引起的脓状物

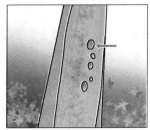

脓状物

五、植物病害诊断要点

植物病害的诊断，先要区分是侵染性病害还是非侵染性病害。许多植物病害的症状有很明显的特点，在多数情况下，正确的诊断还需要做详细和系统的检查，不能仅根据外表的症状判断。

1. 非侵染性病害 主要由环境中不良的物理、化学因素所导致，也有遗传变异或遗传缺陷所致。不同类型非侵染性病害特点如下：

（1）突发性病害。该类病害具有发病面积集中，发病时间短，作物受害严重，病害地域性明显等特点。病因通常由含对植物有害物质的"三废"、冰雹、冻害、洪涝、干旱、风害、日灼或农药和化肥施用不当的自然、人为因素造成。一般通过仔细观察症状，了解发病区域环境、气候及栽培管理措施即可诊断病因，得出病害种类。

（2）慢发性病害。若病害出现只限于某一品种或少数植株发生，症状为生长不良或系统性表现，多为遗传性障碍所致，常见的如白化、黄化、畸形等；另外一类田间常见的是由于营养缺乏或不协调导致的缺素症，该类病害具有明显的缺素症状特征，且症状多见于老叶或顶部新叶。

2. 侵染性病害 病原生物侵染所致的病害特征是，病害有一个发生、发展或传染的过程；在特定的品种或环境条件下，病害轻重不一；在病株的表面或内部可以发现其病原生物体存在（病征），它们的症状也有一定的特征。大多数的真菌病害、细菌病害和线虫病害以及所有的寄生植物，可以在病部表面看到病原物，少数要在组织内部才能看到，多数线虫病害侵害根部，要挖取根系仔细寻找。有些真菌和细菌病害，所有的病毒病害和原生动物病害，在植物表面没有病征，但症状特点仍然是明显的。

（1）寄生植物引起的病害。在病植物体上可以看到寄生物，如寄生藻、菟丝子、独脚金等。

（2）线虫病害。在植物根表、根内、根际土壤、茎或籽粒（虫瘿）中可见到有线虫寄生，或者发现有口针的线虫存在。线虫病的病状有：虫瘿或根结、胞囊、茎（芽、叶）坏死、植株矮化黄化、缺肥状。

（3）真菌病害。大多数真菌病害在病部产生病征，或稍加保湿培养即可长出子实体。但要区分这些子实体是真正病原真菌的子实体，还是次生或腐生真菌的子实体，较为可靠的方法是选择合适的培养基，从新鲜病斑的边缘做镜检或分离，再按柯赫氏法则进行鉴定。

观察病株

（4）细菌病害。斑点、腐烂、萎蔫、肿瘤多为细菌病害的症状，初期有水渍状或油渍状边缘，半透明，病斑上有菌脓外溢。切片镜检有无喷菌现象是最简便易行又最可靠的诊断技术，但要注意制片方法与镜检要点。

（5）植原体病害。植原体只有在电镜下才能看到，病害的特点是植株矮缩、丛枝或扁枝，小叶与黄化，少数出现花变叶或花变绿。

（6）病毒病害。病毒病的症状多为花叶、矮缩、坏死。无病征，取表皮镜检时可见到病毒粒体和内含体。取病株叶片用汁液摩擦接种或用蚜虫传毒接种可引起发病。

（7）复合侵染的诊断。当一株植物上有两种或两种以上的病原物侵染时，可能产生两种完全不同的症状，如花叶和斑点、肿瘤和坏死。诊断时，首先要确认或排除一种病原物，然后对第二种做鉴定。两种病毒或两种真菌复合侵染是常见的，可以采用不同介体或不同鉴别寄主过筛的方法将其分开。柯赫氏法则在鉴定侵染性病原物时是始终要遵守的一条准则。

六、植物病害的防治

1. 植物病害的防治方针 "预防为主、综合防治"是我国植物病害防治的方针。在综合防治中，以预防为主，因时因地根据作物病害的发生、发展规律，以农业防治为基础，合理运用物理防治、化学防治、生物防治、植物检疫等措施。同时充分发挥农业生态体系中的有利因素，避免不利因素，特别是避免造成公害和人畜中毒，把病害控制在经济允许的限度之内。

2. 防治策略

（1）选用无病繁殖材料、种苗和无性繁殖材料。播种或移栽带菌和带病的种苗、无性繁殖材料，是病原菌进行初侵染的主要方式。因此，通过选用无病繁殖材料，可在一定程度上有效降低田间病菌的初始均量，有效防止病害发生和传播。如在生产中，一些农作物经过几代种植，品质都出现不同程度的退化，如马铃薯、草莓、花卉等，主要原因是植物病毒的侵染。运用脱毒苗技术，可生产出优质的无毒花卉球种和果树苗木等。

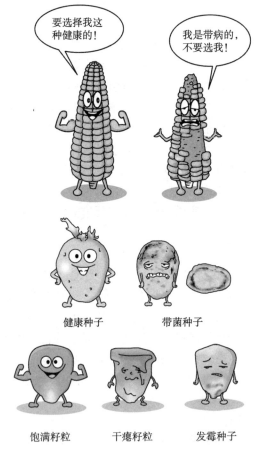

　　（2）建立合理的耕作制度。耕作栽培制度的形成是一个过程，一旦形成相对稳定的存在，就能构建农田特定的生态环

境，与之相适应的病害群落也相对稳定，此时病害易发生流行。通过调整种植制度，如合理设置作物种类、种植密度、种植时间等，综合单作、间作、混作、套作、轮作，用地与养地相结合，改变优势病菌种群数量，对减少病原物的存活、中断病害循环至关重要。

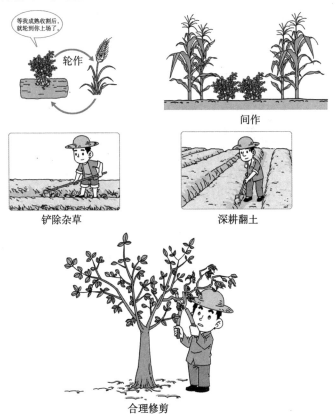

等我成熟收割后，就轮到你上场了。

轮作

间作

铲除杂草

深耕翻土

合理修剪

3. 生物防治

（1）利用天敌昆虫防治。选择对天敌昆虫安全的药剂和合适的释放时期、方法和数量，保证天敌昆虫数量，可有效控制病害。

21

（2）生防菌剂的开发和利用。木霉菌、酵母菌、拮抗性放线菌等具有重要的生防价值，开发出来的生物制剂用于田间病害防治具有明显防效。菌根真菌能有效提高植物对氮和磷的吸收。芽孢杆菌类是根际促生菌中的重要代表类群，根部定植后，通过抗生作用、根围营养竞争、分泌降解病原微生物酶等机制，实现促进寄主生长、提高寄主抗性目的。

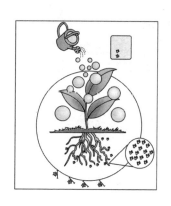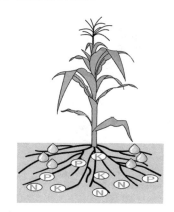

生防菌剂能有效提高植物对氮磷的吸收

4. 物理防治

（1）种苗热力处理。如温汤浸种，是利用一定热力杀死种子、苗木、接穗上的病原物而不致影响其活力。

（2）土壤热力处理。如土壤蒸汽消毒，无论是在温室还是在苗床中均普遍使用，通常用 80～95℃ 蒸汽处理 30～60 分钟。经过蒸汽处理的土壤，大部分病原菌可以被杀死，只有一些芽孢和耐高温的微生物能继续存活。盛夏可以用聚乙烯薄膜覆盖潮湿土壤，利用太阳能使土表 5 厘米温度升至 52℃ 左右，持续数天至数周，可以有效降低土壤中尖孢镰孢菌、轮枝菌等菌体数量。

5. 化学防治　化学防治是使用农药防治植物病害的方法。

农药具有高效、速效、使用方便、经济效益高等优点，但使用不当可对植物产生药害，引起人畜中毒，杀伤有益微生物，还会导致病原物产生抗药性等。农药的高残留也会造成环境污染。目前，化学防治是防治植物病害的关键措施，在面临病害大发生的紧急时刻，甚至是唯一有效的措施。

清洗农膜

（1）杀菌剂的保护作用。在植物体表直接与病原菌接触，杀死或抑制病原菌，使之无法进入植物，从而保护植物免受病原菌的危害。

（2）杀菌剂的治疗作用。在病菌侵入作物未发病前使用，可杀死病菌或抑制病菌生长，或诱导植物产生抗病性，阻止发病，这类药剂往往具有内吸活性。

（3）杀菌剂的铲除作用。杀菌剂可以完全抑制或杀死已经发病部位的病菌，控制病害症状进一步扩展，防止病害加重和蔓延。

（4）杀菌剂使用方法

①种苗处理。用药剂处理种子、苗木、插条、接穗、块根、块茎、鳞茎等繁殖材料，以消灭种苗内外的病原物，或使种苗着药以保护幼苗免受土壤中病原物的侵染。种苗处理有浸种、拌种、种子包衣等方法。

②土壤处理。将药剂施在土壤中，以消灭土壤中的病菌，保护幼苗和种子免受病菌的侵染。土壤处理的方法有穴施、沟施、撒布、浇灌及注射等。

③植株喷药。在植物表面喷洒农药，主要有喷雾和喷粉的方法。

④其他方法。除了以上方法外，杀菌剂的使用还有吊水法、包扎法、浸蘸法、熏蒸法等。

七、科学使用农药

**购用农药
看清标签**

　　购买和使用农药，要仔细阅读标签。要购买和使用农药瓶（袋）上标签清楚、登记证、生产批准证、产品标准号码齐全的农药。不要购买和使用农药标签模糊不清，或登记证、生产批准证和产品标准号码不全的农药。

**农药储运
远离食品**

　　农药必须单独运输，修建专用库房或箱柜上锁存放，并有专人保管。农药不得与粮食、蔬菜、瓜果、食品及日用品等物品混运、混存。防止儿童进入农药库房。

**适期用药
避免残留**

　　必须注意农药安全间隔期。农药安全间隔期是指最后一次施药至作物收获时的间隔天数。用农药前，必须了解所用农药的安全间隔期，保证农产品采收上市时农药残留不超标。

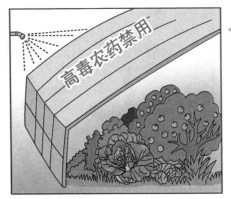

高毒农药
果菜禁用

瓜类、蔬菜、果树、茶叶、中药材等作物，严禁使用高毒、高残留农药，以防食用者中毒。

保护天敌
减少用药

田间瓢虫、草蛉、蜘蛛等天敌数量较大时，减少用药次数或改进施药方法，避免大量杀伤天敌，充分利用其自然控制害虫的作用。

农药配制
专用器具

配制农药，要选择专用器具量取和搅拌农药，绝不能直接用手取药和搅拌农药。

药械故障及时维修

施药器械出现滴漏或喷头堵塞等故障，要及时正确维修。不能用滴漏喷雾器施药，更不能用嘴直接吹吸堵塞喷头。

田间施药注意防护

田间施用农药，必须穿防护衣裤和防护鞋，戴帽子、防毒口罩和防护手套。年老、体弱、有病的人员，儿童、孕期、经期、哺乳期妇女，不能施用农药。

防治病虫科学用药

对农作物病、虫、草、鼠害，采用综合防治（IPM）技术，当使用农药防治时，要按照当地植保技术推广人员的推荐意见，选择适合农药，在适宜的施药时间，用正确的施药方法，施用经济有效的农药剂量，不得随意加大施药剂量和改变施药方法。

施药现场
禁烟禁食

配药、施药现场，严禁抽烟、用餐和饮水，必须远离施药现场，将手脸洗净后方可用餐、饮水或从事其他活动。

农药包装
妥善处理

农药包装瓶（袋）应专用，不能用其他容器盛装农药。农药空瓶（袋）应远离水源深埋，不得随意乱丢，不得盛装其他农药，更不能盛装食品。

施药完毕
洗澡更衣

施药结束后，要用肥皂洗澡和更换干净衣物，并将施药时穿戴的衣裤鞋帽洗净。

农药中毒及时抢救

施药人员出现头疼、头昏、恶心、呕吐等农药中毒症状时，应立即离开施药现场，脱掉污染衣裤，及时带上农药标签到医院治疗。

第二章　烟草常见病害及防控

一、赤星病

烟草赤星病在世界各国均有发生，也是我国烟草生产上主要病害之一。云南称之为"恨虎眼"。

【症状】烟草叶片、茎、花梗和蒴果等部位均可受害。一般先是植株下部叶片开始染病，随后病斑逐渐向上发展。最初在叶片上形成黄褐色圆形小斑点，病斑形状一般为圆 形或不规则形，该病害的典型特征是具有同心轮纹；湿度过高时，病斑中心产生深褐色或黑色霉层，严重时多个病斑相互连接在一起，最终可导致叶片枯焦，失去使用价值；天气干旱时，病斑中央易破裂。

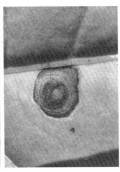

烟草赤星病症状（吴德喜　图）

【病原】主要致病菌有 2 种，分别是链格孢菌和长柄链格孢菌。

【发生规律】致病菌主要以菌丝体残存在土壤、粪肥以及烟叶病残体上，进行越冬。当春季日平均气温达 7～8℃、相对湿度达 50％时，病残体上的菌丝体萌发形成分生孢子，借助气流、风雨等在田间进行传播；温度达 21～22℃、湿度达 70％～80％开始发病；当温度达 25～28℃、连续降雨或烟田 24 小时有水滴时，5～8 天后大规模爆发病害。

另外，不同烟草品种对烟草赤星病的抗性存在明显差异，抗病性低的品种易发生病害；连续多年大面积种植单一品种，也会导致病害发生。

【防治方法】①选择对烟草赤星病具有抵抗能力的烟草品种，如 G28、云烟 85、云烟 87 等。②烟株密度不宜过大，否则影响烟田通风和透光，导致田间局部温度与湿度升高，形成发病中心。③搞好田园卫生，及时清除病株残体。④病害发生前可喷施 75％代森锰锌悬浮剂，病害发生后可以使用 0.3％多抗霉素 300 倍液，或 40％菌核净、40％保丰宁、40％菌核净 800 倍液、25％嘧菌酯悬浮剂 600 倍液等进行应急防治。

二、黑胫病

黑胫病是烟草重要的土传真菌病害，各生长时期均可发病。主要侵染烟草的根和茎基部，形成黑色凹陷的病斑。温带、亚热带和热带地区发生较严重。

【症状】

1. 黑胫　在茎基部出现黑色病斑，后逐渐扩大、加深，导致烟叶发黄、萎蔫、腐烂，严重时整株烟叶下垂，干枯坏死。后期剖开病茎可见髓部干缩呈碟片状，其间生有菌丝、菌核。

2. "穿大褂"　茎基部受害后向髓部扩展，病株叶片自下而上依次变黄，大雨过后遇烈日高温，全株叶片突然枯萎、枯死。

3."黑膏药"　受感染的叶片会形成绿褐色至黄色的大病斑（可达 10 厘米左右），状如黑膏药。

烟草黑胫病症状（吴德喜　图）

【病原】烟草疫霉菌，是一种霜霉目疫霉属的卵菌。

【发生规律】带菌的土壤、粪肥及灌溉水是烟草黑胫病的主要初侵染源，其次为带病烟苗。烟草疫霉菌主要在距土表 0～5 厘米的范围内活动，通过伤口进入或直接侵入。病菌喜高温、高湿，降雨及田间土壤湿度大是烟草黑胫病流行的关键性因素，在适温条件下，雨后相对湿度 80％以上持续 3～5 天，病害即可流行。

【防治方法】①选择对烟草疫霉病具有抵抗能力的烟草品种，如 G28、K326、云烟 85、G80、G140 等。②种植 2～3 年，轮作禾本科作物等。③做好田园卫生，及时清除病株残体，集中销毁。④化学防治，如采用 58％甲霜·锰锌、72.2％霜霉威 80～100 克/亩，药剂交替使用。

三、青枯病

青枯病是烟草病害中发生最普遍且严重的一种细菌性土传病害，已经在我国 14 个省份爆发流行，在长江流域及以南烟区普遍发生。一些烟田发病率达 30％～50％，常与黑胫病并发，使危害更加严重。

【症状】又称黏液病、烟瘟、半边疯，是典型的维管束病害，根、茎、叶等部均可受害，最典型的症状是枯萎，茎部发病后，外表出现黑色条斑。病菌多从烟株一侧的根部侵入，初期先是病侧有 1～2 片叶软化萎垂，另一侧叶片正常生长，故称青枯病、半边疯。后病株叶片全部萎蔫，直到整株枯死。发病中期横切病茎，可见茎部及叶脉维管束变色，用力挤压伤口可渗出黄白色乳状菌脓。

烟草青枯病症状（吴德喜　图）

【病原】茄科劳尔氏菌，革兰氏阴性细菌。

【发生规律】病菌主要在土壤和病残体上越冬，带菌土壤是最重要的初侵染来源，可借排灌水、人畜和生产工具传播。病菌一般从根部伤口侵入，自下而上沿维管束扩展，同时产生一种含有复杂多糖的黏液，阻塞烟株导管，导致烟草凋萎。另外，该病菌可分泌果胶酶和纤维素分解酶，引起烟草皮层及髓部组织腐烂。病组织腐烂后，病菌在土壤中或粪肥中越冬，成为翌年的初侵染源。

【防治方法】①青枯病比较喜欢酸性土壤，因此烟田可施用生石灰、草木灰等中和土壤的酸碱性，改善土壤酸化。②施用土壤有机肥，提高土壤微生物的活性，增加烟株抗逆性。③选用疏松、排水良好的土壤，及时排除积水、拔除病株。④实行与禾本科作物（如玉米、水稻等）3～5 年的轮作。⑤发病初期用 200 克/毫升农用链霉素或青枯灵 400 倍液灌根，7～10 天一次，连续 2～3 次。

四、普通花叶病

普通花叶病是一种在全世界各烟区普遍发生、局部地区严重流行的烟草病害，在我国各烟区都有发生，田间发病率一般在 5%～20%。

【症状】烟草普通花叶病毒为系统侵染，整株发病。当幼苗及成株感病后，首先是新叶的叶脉组织变浅绿色，呈半透明的脉明；随后形成黄绿相间的斑驳或花叶，植株矮化、节间缩短，生长缓慢。严重时，病叶叶缘逐渐形成缺刻并向下卷曲，皱缩扭曲，有些叶片甚至变成细带状。

烟草普通花叶病症状（吴德喜 图）

【病原】烟草普通花叶病毒（简称 TMV）。

【发生规律】从苗床期至大田成株期均可发生。上一年病株残体可存在于粪肥、苗床及大田土壤中，与幼苗接触造成初次侵染。病株与健康烟株轻轻摩擦，造成叶肉或叶茸毛细胞细微损伤，病毒即可通过微伤口侵入。另外，病毒还可通过灌溉水、带菌肥料、烟田反复走动、触摸以及农事操作（如剪叶、剪根）等进行传播。

【防治方法】①确定烟苗不带毒后再移栽（如采用 TMV 试纸条快速检测）。②强化卫生栽培措施，发挥营养抗性作用。在苗床和大田操作时，要做到手和工具消毒，在间苗和大田管理中，应先处理健株，后处理病株。施足氮、磷、钾底肥，及时喷施多种微量元素肥料，可以极大地提高植株的抗病水平。③避蚜防病。蚜虫对于 TMV 的传播起着决定性的作用，是病毒传播的重要途径，因此，应在每年 3—4 月，对烟田周围的桃园、蔬菜、杂草等集中喷药，杀死已经或正在孵化的烟蚜，从而达到预防该病的目的。④坚持轮作，重病烟田需进行 3 年以上轮作。⑤在发病前喷施毒消 600～700 倍液、东旺杀毒 500 倍液、病毒特 500 倍液或病毒必克Ⅱ号 500 倍液等抗病毒剂，有一定的预防效果。

第三章　三七常见病害及防控

一、根腐病

根腐病为一种典型的土传病害，是三七连作障碍的主要表现形式。随着种植年限的增加，病原菌不断积累，常年损失5%～20%，严重可达70%左右，损失占各种三七病害的70%～85%。

【症状】

1. 一年生三七种苗根腐病症状　初期，地上部植株出现萎蔫，后期大面积倒伏；拔出根部后，明显可见健康种苗须根茂盛，发病种苗则几乎看不到须根；根部出现锈裂、根尖黑腐等症状。

2. 二年生以上三七根腐病症状　地上部常见落叶、叶片黄化、萎蔫等，地下部常见根部开裂、病斑沿维管束扩展、腐烂等，遇到潮湿环境，根部表面出现霉层。

三七根腐病症状（李迎宾　图）

【病原】主要包括：茄镰孢、尖孢镰孢和串珠镰孢中间变种。田间分布广泛、分离频率高的病原菌以土赤壳菌属和镰孢菌属为主。另外，也有报道证明柔毛镰孢菌、恶疫霉、草茎点霉和立枯丝核菌等也可引起三七根腐病发生。

【发生规律】病菌主要以菌丝体、厚垣孢子在土壤、病残体上越冬。通过灌溉水、土壤或带病种苗传播；地下部害虫、线虫或者根部生理性的裂口等造成根部伤口、土壤中毒物质积累、过量施用氮肥、土壤湿度过大、雨季或排水不良导致病害发生加剧。

【防治方法】播种前，选择健康饱满成熟的三七种子，采用"适乐时"等药剂进行种子包衣处理；种苗移栽大田前，去除带病及有伤口的"籽条"；及时清除田间残枝落叶，拔除发病植株并及时采用生石灰对发病土壤进行消毒处理。目前生产中防治根腐病常用的化学药剂主要包括多菌灵、代森锰锌、甲基硫菌灵、福美双和杀毒矾等。

三七存在严重的连作障碍问题，利用开垦新地、非寄主作物轮作或休闲 8～10 年以上的土地，是解决三七根腐病以及三七连作障碍最有效的方法。

二、黑斑病

黑斑病在广西、云南产区普遍发生，一般发病率为20％～35％，严重时达 90％，是造成三七减产的主因之一。

【症状】三七茎、叶、叶柄、花轴、果实、果柄、根及芽部等部位均可受害，尤以茎、叶、花轴等幼嫩组织受害最重。叶受害初期，叶部表现为椭圆形凹陷褐色斑，潮湿时病斑扩展很快，后期病斑破裂，叶片脱落；茎秆、叶柄和花轴受害时，往往造成发病部位缢缩，凹陷而扭折，俗称扭脖子，严重影响三七的产量和品质。

【病原】主要为链格孢菌，为半知菌类、丝孢纲、链格孢属真菌。

【发生规律】一般有 3 个高峰期，分别在 5 月、7 月中旬

三七黑斑病症状

至 8 月下旬和 9 月下旬，每个高峰期随气候变化和初次降雨时间不同提前或延后 10 天左右。该病主要以菌丝和孢子在感病种子、种苗和病残体中越冬，翌年气温达 18℃、相对湿度在65％以上，即持续 2～3 天小雨天气或日降雨达 15 毫米以上时，黑斑病即可发生，并且发病率随降水量和降雨次数的增加而增加。高温高湿时发病严重，若遇连续降雨则暴发流行，荫棚透光率、施肥不当及其他不合理的栽培措施也直接引起病害的发生。该病主要由带病种子、种苗、病残体、雨水、气流、土壤等传播，带菌的种子、种苗通常是新种植园的初侵染源；种植园内残留的病残体、带菌土壤通常是老种植园黑斑病发生流行的主要来源。

　　【防治方法】①及时清除中心病株、病叶、病根与杂草，集中烧毁。②合理密植，田间透光度应控制在 25％～30％（或 20％以下）。③雨季应及时搭盖避雨棚，同时加强园内空气流动，降低园内空气相对湿度。④必要时可选择波尔多液、多抗霉素、代森锰锌、春雷霉素、苯醚甲环唑、戊唑醇等进行化学防治。

三、圆斑病

　　三七圆斑病病菌可危害不同株龄三七植株（包括根、茎、叶等），其中以侵染叶片最为常见。

【症状】叶片发病的典型症状为圆形褐色病斑，一般在连续降雨或低温高湿的气候条件下易发病，发病初期叶片病斑较小，呈圆形或近圆形水渍状，将病斑对光观察可发现，病斑处较其他叶片组织更为透明，病斑中心可见棕褐色小点。发病中期病斑逐渐扩大，呈褐色或灰褐色，可在病斑表面观察到轮纹状白色、灰色或粉白色的分生孢子堆。发病后期病斑扩大合并，导致叶片腐烂脱落。

三七圆斑病症状（李迎宾　图）

【病原】槭菌刺孢，菌刺孢属真菌。

【发生规律】该病害发生主要集中在雨季，爆发性强，潜伏期短，4月中下旬至10月均可发病，发生危害程度主要与园内相对湿度和持续时间成正相关。该病害主要通过雨水飞溅传播，当地上部病斑产生分生孢子后，主要以气传为主。

【防治方法】①及时清除中心病株、病叶、病根与杂草，集中烧毁。②在圆斑病发生流行季节，应及时搭盖避雨棚，同时加强园内空气流动，降低园内空气相对湿度。③必要时可选择波尔多液、多抗霉素、代森锰锌、春雷霉素、苯醚甲环唑、戊唑醇等进行化学防治。

四、根结线虫病

1997年，胡先奇等在云南省晋宁县首次发现根结线虫危害三七。随后，在云南文山、砚山、马关、蒙自等三七种植主产区均有根结线虫病发生情况和危害状况的报道。

【症状】主要危害三七侧根和须根，三七根部被线虫侵入后，根部细胞受到线虫刺激，形成大量小米至绿豆大小、近圆球形的瘤结状虫瘿，称为根结。侵染初期植株地上部无症状，严重时地下部密布根结，导致地上部生长缓慢、叶片黄化或萎蔫。

三七根结线虫病症状（李迎宾　图）

【病原】北方根结线虫。

【发生规律】根结线虫在田间主要以卵在土壤中越冬。气温达10℃以上时，卵可孵化为幼虫，在土层5～30厘米处活动。初侵染源主要是病土、病苗及灌溉水。线虫的远距离移动和传播，通常是借助流水、风、病土、带病的种子和其他营养材料以及各项农事活动完成，雨季有利于线虫的孵化和侵染。

【防治方法】①选地前拔出田间杂草检查，若有根结存在，尽量不要种植三七种苗。②播种时选用果皮鲜艳红润、种子白色无污斑、饱满的种子。③移栽种苗时，应选择根系生长良好、健壮无病、无损伤的种苗。④根据三七生长特点科学施肥，避免多施氮肥，不施用硝铵，提倡使用生物肥和复合肥。

⑤根结线虫病用药最佳时期为播种和移栽期，因此播种前应进行药剂拌种，同时采用98％～100％棉隆微颗粒或2％阿维菌素乳油进行土壤处理。⑥三七出苗后，即4—5月再用阿维菌素乳油灌根1～2次。

第四章 马铃薯常见病害及防控

一、早疫病

马铃薯早疫病在中国和世界各马铃薯产区分布较为普遍，在马铃薯整个生育期都会发生。

【症状】俗称夏疫病、轮纹病，主要危害马铃薯的叶、茎和薯块。侵染初期叶片上形成褐色圆形斑点，以后逐渐扩大至近圆形，病斑边缘明显，有清晰的同心轮纹。叶柄和茎秆受害多发生在植株的分叉部位，病斑长圆形，黑褐色有轮纹。湿度大时，病斑上形成黑色霉状物，严重时叶片全部枯死。

马铃薯早疫病症状（刘霞　图）

【病原】茄链格孢，为链格孢属真菌。

【发生规律】病菌以菌丝和分生孢子在病残株上越冬，成为翌年侵染源。分生孢子经风雨传播，从叶片上的气孔、伤口或直接侵入。一般在马铃薯下部叶片开始发生，后逐渐蔓延到顶部。7—8月若雨水多、雾多或露水重，病害发生较重。

【防治方法】①加强栽培管理，保证植株需要的水肥条件，促进植株生长健壮。②植株生长稳定期，每隔 10 天喷施 1 次保护性杀菌剂，如百菌清 75％可湿性粉剂 600～800 倍液。③田间发现马铃薯早疫病症状时，及时喷施 43％戊唑醇悬浮剂 2 500 倍液、70％丙森锌可湿性粉剂 600 倍液，间隔 5～7 天后再次使用。

二、晚疫病

晚疫病是马铃薯的主要病害之一，在我国中部和北部大部分地区发生普遍，是导致马铃薯茎叶死亡和块茎腐烂的一种毁灭性卵菌病害。

【症状】主要危害叶片和薯块。叶片病斑初为水渍状黄色小点，气候潮湿时，病斑迅速扩大，边缘呈水渍状，叶背形成白色霉状物，天气干燥时，病斑停止扩展，病部变褐变脆；茎部受害，初呈稍凹陷的褐色条斑，气候潮湿时，表面产生白霉。薯块受害初期产生小的褐色或带紫色的病斑，稍凹陷，皮下呈红褐色，逐渐向周围和内部发展，土壤干燥时病部发硬，呈干腐状，土壤湿润时，常造成薯块软腐。

马铃薯晚疫病症状（朱书生　图）
A. 叶片正面症状　B. 叶片背面症状

【病原】致病疫霉，是疫霉属卵菌。

【发生规律】一般空气潮湿、早晚露水重、常阴雨天气最易发病。病菌主要以菌丝体在薯块中越冬，带病种薯播种后，造成一部分薯芽失去发芽能力或未出土即死亡。露出地面的植株，如遇潮湿环境，病菌产生孢子囊，形成中心病株，孢子囊通过气流传播，并在田间形成重复侵染，致使植株普遍提早枯死。感病植株上的一部分孢子囊落到地面，随雨水或灌溉水渗入土壤后，萌发后侵入薯块。

【防治方法】①严格剔除病薯，有条件的要建立无病留种地，进行无病留种。②加强田间管理，选土质疏松、排水良好的田块栽植，生长期内一旦发现中心病株，立即拔除，并摘除附近植株上的病叶，就地深埋，撒上石灰。③若推广种植的优良品种易感病时，要选择 3 年以上轮作的田块，最好不要在马铃薯晚疫病的常发区种植。④药剂防治，如采用 68.75% 氟吡菌胺＋霜霉威盐酸盐悬浮剂 600 倍液和 70% 丙森锌可湿性粉剂 600 倍液安泰生，初花期第一次使用，盛花期第二次使用。

三、环腐病

马铃薯环腐病是一种世界性病害，是威胁最大的马铃薯病害之一。在我国，此病于 20 世纪 50 年代最先在黑龙江发现，70 年代以后逐渐传播到其他省份，目前已遍及我国各马铃薯产区。

【症状】该病是一种细菌性的维管束病害。主要症状特点为：地上部茎叶萎蔫，地下块茎沿维管束发生环状腐烂，轻者用手挤压，流出乳黄色细菌黏液，重病薯块病部变黑褐色，生环状空洞，用手挤压则薯皮与薯心易分离。

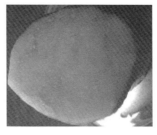

马铃薯环腐病（吴德喜　图）

【病原】密执安棒形菌环腐亚种，为检疫性植物病原细菌，已列入我国进境植物检疫性有害生物名录。

【发生规律】马铃薯环腐病菌在种薯内越冬，成为翌年初侵染源。影响马铃薯环腐病流行的主要环境因素是温度，病菌在土壤中存活时间很短，但在土壤中残留的病薯或病残体内可存活很长时间，在包装袋、仓库墙壁、机器和其他农具设备上存活并具有侵染性，种薯生产中病菌主要靠切刀传播，带菌种薯的生产调运和病薯的长途运输是病害远距离传播的主要途径。病薯播种后，病菌在块茎内繁殖到一定的数量后，部分芽眼腐烂不能发芽，成为下一季或翌年的侵染源。

【防治方法】①马铃薯环腐病的防治是以预防为主，严格执行检疫措施，建立无病留种田生产无病种薯是防治病害的关键。②在切种薯时要用药液消毒和开水消毒。③用 95％敌磺钠（敌克松）可溶性粉剂拌种，敌磺钠具有一定的内吸渗透作用，还可兼治黑胫病和青枯病；或采用春雷霉素药液（每升水加 100 毫克春雷霉素）浸薯块 1～2 小时，还有促进出苗和幼苗生长的作用。

第五章 茶叶常见病害及防控

一、茶饼病

茶饼病在我国分布于四川、云南、贵州、湖南、江西、福建、广东、浙江、安徽、湖北、广西、台湾等省份的山区茶园，尤以四川、云南、贵州三省的山区茶园发病最重，一般茶园发病率20％～30％。

【症状】主要危害嫩叶和嫩茎。病斑正面凹陷，相应叶背凸起，形成包状病斑，其上具灰白色或粉红色或灰色粉末状物，后期粉末消失，凸起部分萎缩形成褐色枯斑，四周边缘有一灰白色圈，似饼状，故称茶饼病。病叶制成的茶，味苦汤浑，水浸出物中茶多酚、氨基酸总量等指标均下降。

茶饼病症状（吴德喜　图）

A. 叶片正面症状　B. 叶片背面症状

【病原】坏损外担菌，为担子菌亚门真菌。

【发生规律】病菌以菌丝体在病叶中越冬。翌春或秋季菌丝体萌发并形成新的病斑，在潮湿条件下，病斑表面形成白色粉状物，即担孢子形成的子实层，此为初侵染源。担孢子成熟后随风雨进行传播，侵入新梢嫩叶，出现新病斑。该病害属低温高湿型病害，常发生于高海拔茶区，一般在春茶期（3—5月）和秋茶期（9—10月）出现两个病害高峰期，而在夏季高温干旱季节发病轻；多雨、多雾、高湿等情况下发病重。

【防治方法】①合理密植，适当修剪，通风降湿。②发病前或发病初期开始施药，选用1.5％多抗霉素可湿性粉剂或3％多抗霉素可湿性粉剂等。③病害流行期间，若连续5天中有3天上午日均日照时数≤3小时，或5天日降水量2.5～5毫米或以上时，应马上喷洒25％三唑酮可湿性粉剂1 000～1 500倍液，或20％三唑酮乳油1 500倍液，或20％萎锈灵乳油1 000倍液，或70％甲基硫菌灵可湿性粉剂1 000倍液。

二、白星病

白星病是山区茶园的一种主要叶部病害。安徽、福建、浙江、贵州、四川等省均有发生。局部茶园发病率高达80％，严重影响产量和品质。

【症状】主要危害茶树芽、嫩叶、嫩茎等。初期病叶上出现针头大小褪绿斑，后变成红色，周围有明显黄色晕圈。病斑向内凹陷，有时几个病斑连成一个大病斑；后期病斑中间灰白色，易破碎，病斑处散生小黑点。

【病原】茶叶点霉，为半知菌类真菌。

【发生规律】病菌以菌丝体或分生孢子器在活体病叶组织中越冬，翌年春季气温10℃以上，病菌开始生长发育，产生分生孢子。经风雨传播，侵入茶树幼嫩组织的气孔等。条件适宜时，又可不断产生分生孢子进行多次侵染。该病害同样属于低温高湿型病害，随着海拔增加，茶白星病的发病率逐渐升高。另外，早期茶树生长旺盛、持嫩性强，叶表皮角质化程度低，病菌容易侵染。

茶白星病症状（吴德喜　图）

　　【防治方法】①提倡分批采茶、适当早采，可减少病菌侵染，减轻发病。②加强栽培管理，增施复混肥，增强树势，提高抗病力。③适时进行化学防治，可选用75％百菌清可湿性粉剂、36％甲基硫菌灵悬浮剂、50％苯菌灵可湿性粉剂、70％代森锰锌可湿性粉剂、25％多菌灵可湿性粉剂等。

第六章　葡萄常见病害及防控

一、霜霉病

霜霉病是一种世界性葡萄病害，在葡萄产区广泛发生，每年都会给果农带来不同程度的损失，个别多雨年份还会造成病害的爆发和流行，致使叶片早期脱落，植株生长不良，产量、品质降低。

【症状】该病主要危害叶片，也能侵染嫩梢、花序、幼果等幼嫩组织；叶片受害，最初形成半透明、水渍状、边缘不清晰的小斑点，后逐渐扩大为淡黄色至黄褐色多角形病斑，有时数个病斑连在一起，形成黄褐色干枯的大型病斑，空气潮湿时病斑背面产生白色霉状物。病梢染病后，生长停止，扭曲，严重时枯死。幼果感病，病斑近圆形，呈灰绿色，表面生有白色霉状物，后皱缩脱落。

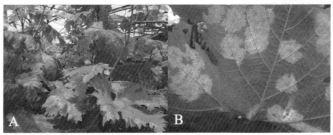

葡萄霜霉病症状（朱书生　图）
A. 叶片正面症状　B. 叶片背面症状

【病原】葡萄生单轴霉，单轴霉属卵菌。

【发生规律】属于典型的单年流行病害，病原菌主要以卵孢子在病组织或随病组织在土壤中越冬，卵孢子条件适宜时产生孢子囊，孢子囊释放游动孢子，通过雨水传播到葡萄植株上，成为最初传染源。病菌孢子由气孔侵入寄主组织，其潜育期短、再侵染频繁、病菌繁殖率高。在单一生长季内，只要条件适宜，便可以孢子囊为传播体，在田间不断进行再侵染，导致流行成灾。

【防治方法】①清除菌源。②加强栽培管理。③化学防治，主要使用的药剂有保护性杀菌剂代森锰锌、百菌清，内吸性杀菌剂甲霜灵、乙磷铝、杀毒矾、烯酰吗啉、氟吗啉、霜霉威、银法利等。④避雨栽培。由于葡萄上主要病害的发生流行均与雨水密切相关，采用避雨栽培可以有效控制葡萄病害的发生，在不使用农药的情况下，对多数葡萄病害的防治效果均显著高于药剂防治。

二、白粉病

白粉病是葡萄栽培中最重要的真菌病害之一，在欧洲葡萄种植历史上与葡萄霜霉病、葡萄根瘤蚜并为三大病虫害，曾导致法国的葡萄酒减产80％。

【症状】该病可危害叶片、果实、枝蔓等组织；幼嫩组织容易受到侵染。叶片病斑与霜霉病症状相似，但病斑更小。叶片正面覆盖白粉，花序梗受害颜色变黄，而后花序梗变脆，易折断；果实对白粉病敏感，发病时表面产生灰白色粉状霉层，用手擦去白色粉状物，果实表层有褐色或紫褐色的网状花纹。

【病原】葡萄钩丝壳菌，属子囊菌亚门真菌。

【发生规律】病菌主要以菌丝体在被害组织内越冬，是重要的初侵染源。翌年菌丝体形成分生孢子，闭囊壳产生子囊孢子、分生孢子、子囊孢子借助风或昆虫传播到刚发芽的幼嫩组织上，一旦环境条件适合，分生孢子就可以萌发，侵入寄主使葡萄得病。

　　与大多数真菌不同，葡萄白粉病菌是一种耐旱的真菌，相反，多雨对白粉菌反而不利。生长季节干旱的葡萄种植区，有利于白粉病的发生和流行；雨水中等的葡萄种植区，遇到干旱年份，白粉病的发生和流行机会就大；生长季节雨水多的地区，白粉病不易发生。因此，设施栽培的葡萄（如避雨栽培、温室和大棚葡萄）虽有利于葡萄霜霉病的防治，但也有利于葡萄白粉病的发生和流

葡萄白粉病症状（吴德喜　图）

行。另外，果实糖分<8%，易感染白粉病；糖分>8%，果实对白粉病产生抗性，一般不会再被侵染，但糖分在8%～15%时，被感染的果实能产生分生孢子，糖分>15%，果实不会被侵染，已被侵染的果实也不会再产生分生孢子。

　　【防治方法】①选用抗病品种，目前对白粉病抗病能力较强的品种有巨峰、夏黑、赤霞珠等。②加强肥水管理，多施有机肥、生物菌肥搭配化学肥料，补充微肥，以提高抗病性。③保持果园清洁，及时清除枯枝、落叶、落花、落果等，修剪病梢、病枝、病果，带离果园集中深埋或焚烧，降低病原菌基数，降低侵染机会。④冬剪前全园喷施石硫合剂，病害发生前可采用保护性杀菌剂，如福美双、嘧菌酯等，5天后再采用戊菌唑、苯醚甲环唑、吡唑·嘧菌酯、腈菌唑等药剂进行防治。

三、葡萄黑痘病

葡萄黑痘病又称疮痂病，俗称蛤蟆眼、鸟眼病，在中国各地均有发生。

【症状】葡萄黑痘病主要危害葡萄幼嫩部位，如果实、果梗、叶片、叶柄、新梢和卷须等。叶片危害，初期出现针头大小的红褐色至黑褐色斑点，周围有黄色晕圈，干燥时病斑自中央破裂穿孔；叶脉被害，病斑呈梭形，凹陷，灰色或灰褐色；果实受害，初为圆形深褐色小斑点，后扩大至2～5毫米，中央凹陷，外部仍为深褐色，周缘紫褐色似"鸟眼"。病果小而酸，失去食用价值。病斑限于果皮，不深入果肉。空气潮湿时，病斑上出现乳白色的黏质物，此为病菌的分生孢子团。

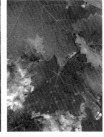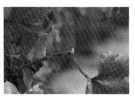

葡萄黑痘病症状（管雪强，尹向田　图）

【病原】葡萄痂囊腔菌，痂囊腔菌属真菌。

【发生规律】病菌主要以菌丝体潜伏于病组织中越冬，翌年产生分生孢子，孢子萌发形成芽管，可直接侵入幼叶或嫩梢，完成初侵染。后在病部形成分生孢子盘，突破表皮，在湿度大的情况下，不断产生分生孢子，通过风雨等传播，对幼嫩组织进行再侵染。病害流行和降雨、湿度等有密切关系。多雨高湿有利于分生孢子的形成、传播和萌发侵入；天旱或少雨地区，发病显著减轻。

　　【防治方法】①冬季修剪时，剪除病枝病果，然后集中烧毁，并用石硫合剂喷布树体，从而减少翌年初侵染的菌源数量。②加强田间管理，开沟施足有机肥，追肥应使用含氮、磷、钾及微量元素的全肥，避免单独、过量施用氮肥，保持树势强壮。③开花前可喷施波尔多液、苯醚甲环唑、甲基硫菌灵、代森锰锌等，可用43％戊唑醇悬浮剂2 500倍＋70％丙森锌可湿性粉剂600倍液，发病初期开始施用，连续两次，间隔5～7天，可有效控制葡萄黑痘病的发展。

主 要 参 考 文 献

胡先奇，杨艳丽，喻盛甫 . 1997. 三七根结线虫病在云南发现［J］. 植物病理学报，27（4）：360.

贾静怡，张玮，燕继晔，等 . 2021. 葡萄白粉病抗性鉴定方法优化及品种抗性评价［J］. 植物保护，47（1）：160-164.

李菁博 . 2014. 温汤浸种技术在中国推广和改进的历史分析［J］. 古今农业，4：57-66.

李六英，窦彦霞，马冠华，等 . 2018. 我国烟草赤星病菌遗传多样性的 ISSR 分析［J］. 植物保护学报，45（4）：846-855.

李想，刘艳霞，蔡刘体，等 . 2016. 烟草青枯病菌在烟草根际的定殖及最适发病条件［J］. 植物保护学报，43（5）：796-804.

刘畅，向立刚，汪汉成，等 . 2021. 温度对烟草黑胫病菌致病力及代谢表型的影响［J］. 植物保护学报，48（3）：669-678.

谢联辉 . 2006. 普通植物病理学［M］. 2 版 . 北京：科学出版社 .

徐玉芳，王晶，刘存宏，等 . 2006. 葡萄黑痘病、霜霉病药剂防治试验简报［J］. 植物保护，32（2）：100-101.

叶冬梅 . 1987. 白星病在浙江西南山区发生规律与防治［J］. 植物保护，（3）：13-14.

于舒怡，梁春浩，刘丽，等 . 2016. 萄霜霉病流行速率、空中孢子囊密度与环境因素的相关性［J］. 植物保护学报，43（3）：434-441.

周群 . 2016. 植物病害生物防治［J］. 植保土肥，6：28.

Harman GE，Petzoldt R，Comis A，et al. 2004. Interactions between Trichoderma harzianum strain T22 and maize inbred line Mo17 and effects of these interactions on diseases caused by Pythium ultimum and Colletotrichum graminicola［J］. Phytopathology，94（2），147-153.

Qiu D，Dong Y，Zhang Y，et al. 2017. Plant immunity inducer development and application［J］. Molecular Plant-Microbe Interactions，30（5），

355-360.

Xiao L，Zhu H，Wallhead M，et al. 2018. Characterization of biological pesticide deliveries through hydraulic nozzles ［J］. Transactions of the ASABE，61（3）：897-908.